BEI GRIN MACHT SICH IHR WISSEN BEZAHLT

AF135899

- Wir veröffentlichen Ihre Hausarbeit,
  Bachelor- und Masterarbeit

- Ihr eigenes eBook und Buch -
  weltweit in allen wichtigen Shops

- Verdienen Sie an jedem Verkauf

Jetzt bei www.GRIN.com hochladen
und kostenlos publizieren

Bibliografische Information der Deutschen Nationalbibliothek:

Die Deutsche Bibliothek verzeichnet diese Publikation in der Deutschen National-
bibliografie; detaillierte bibliografische Daten sind im Internet über http://dnb.d-
nb.de/ abrufbar.

Dieses Werk sowie alle darin enthaltenen einzelnen Beiträge und Abbildungen
sind urheberrechtlich geschützt. Jede Verwertung, die nicht ausdrücklich vom
Urheberrechtsschutz zugelassen ist, bedarf der vorherigen Zustimmung des Verla-
ges. Das gilt insbesondere für Vervielfältigungen, Bearbeitungen, Übersetzungen,
Mikroverfilmungen, Auswertungen durch Datenbanken und für die Einspeicherung
und Verarbeitung in elektronische Systeme. Alle Rechte, auch die des auszugsweisen
Nachdrucks, der fotomechanischen Wiedergabe (einschließlich Mikrokopie) sowie
der Auswertung durch Datenbanken oder ähnliche Einrichtungen, vorbehalten.

Impressum:

Copyright © 2019 GRIN Verlag
Druck und Bindung: Books on Demand GmbH, Norderstedt Germany
ISBN: 9783346136572

Dieses Buch bei GRIN:

https://www.grin.com/document/520248

Dominic Anlauf

Die Spieltheorie als Teil der Kybernetik. Definition, historische Entwicklung sowie Praxisbeispiele

GRIN Verlag

GRIN - Your knowledge has value

Der GRIN Verlag publiziert seit 1998 wissenschaftliche Arbeiten von Studenten, Hochschullehrern und anderen Akademikern als eBook und gedrucktes Buch. Die Verlagswebsite www.grin.com ist die ideale Plattform zur Veröffentlichung von Hausarbeiten, Abschlussarbeiten, wissenschaftlichen Aufsätzen, Dissertationen und Fachbüchern.

Besuchen Sie uns im Internet:

http://www.grin.com/

http://www.facebook.com/grincom

http://www.twitter.com/grin_com

Dominic Anlauf

Assignment
Allgemeine Systemtheorie

Kybernetik und Theorien - Spieltheorie

1 Einleitung

Spieltheoretische Anwendungsfelder sind in unserem Alltag omnipräsent, denn letztlich lässt sich jede gesellschaftliche Fragestellung, bei der mindestens zwei Parteien in Interaktion treten und dabei strategische Überlegungen anstellen, mit dem Instrument der Spieltheorie untersuchen.[1] Demnach beschreibt die Spieltheorie, wie sich jeder an der Interaktion teilnehmende Akteur Erwartungen über das Verhalten der Beteiligten bildet oder auf die Entscheidungen der anderen reagiert und dann nach gewissen Regeln seine eigenen Entscheidungen trifft – somit beschäftigt sich die Spieltheorie mit den Themen der Interdependenz und den Auswirkungen von Entscheidungen.[2] Stellt sich der einzelne vielleicht noch immer die Frage, inwiefern die Spieltheorie für das alltägliche Leben konkret relevant ist, lässt sich diese Relevanz an zwei grundverschiedenen Beispielen festhalten. Exemplarisch bietet sich der Blick auf die Frage, ob man den Abend mit der Partnerin beim Fußball oder im Kino verbringen soll, an – aber auch die Frage, ob ein Unternehmen die Preise erhöhen soll, um mehr Profit zu erzielen, lässt sich vor dem Hintergrund der Spieltheorie betrachten. Die Spieltheorie steht trotz der Zugänglichkeit für „Nicht-Mathematiker" auf einem streng mathematischen Grundgerüst – doch wie ist die Spieltheorie entstanden und welche Entwicklung hat sie seitdem vollzogen?

Ziel der vorliegenden Arbeit ist es die erwähnte Entwicklung der Spieltheorie geschichtlich zu beschreiben. Weiter sind fünf konkrete Praxisbeispiele anzuführen und die daraus resultierenden Ergebnisse zu diskutieren und zu reflektieren.

Zu Beginn der vorliegenden Arbeit wird der Begriff der Systemtheorie definiert und die verschiedenen Klassifikationen von Spielen vorgenommen. So wird ein semantisch einheitliches Fundament erzeugt und ein Grundverständnis der Thematik vermittelt. Im nächsten Abschnitt des Assignments wird die Geschichte der Spieltheorie abgebildet. Folgend werden fünf konkrete Anwendungsbeispiele erörtert, um einen möglichst detaillierten Blick auf das Anwendungsgebiet der Spieltheorie zu ermöglichen. Darauf aufbauend werden im fünften Kapitel die erarbeiteten Ergebnisse analysiert und diskutiert.

---

[1] Vgl. Bartholomae/Wiens (2016), S.3.
[2] Vgl. Holler/Illing/Napel (2019), S.1.

2 Konzeptionelle Grundlagen

Im vorliegenden Kapitel wird dargestellt, was grundsätzlich unter dem Begriff der Systemtheorie zu verstehen ist. Zusätzlich werden die verschiedenen Klassifizierungen der Spiele ausgeführt, sodass ein umfassendes Grundverständnis über die Begrifflichkeit der Spieltheorie und deren Eigenschaften entsteht.

2.1 Definition Spieltheorie

„Gegenstand der Spieltheorie sind Entscheidungssituationen, in denen das Ergebnis für einen Entscheider nicht nur von seinen eigenen Entscheidungen abhängt, sondern auch von dem Verhalten anderer Entscheider."[3]

Die Spieltheorie ist als Teil der Entscheidungstheorie zu sehen, da sie die Auswirkungen und Interdependenzen von Entscheidungen verschiedener Beteiligter an einer Interaktion analysiert. Mit einer Entscheidung ist - vereinfacht gesprochen - eine bewusst getroffene Wahl zwischen verschiedenen Handlungsalternativen bzw. Aktionen gemeint.[4] Den Ursprung hat die Spieltheorie in der formalen Beschreibung von Gesellschaftsspielen durch den Mathematiker John von Neumann 1928 – auch wenn die heutige Spieltheorie nichts mehr mit Gesellschaftsspielen zu tun hat.[5] Gesellschaftsspiele eignen sich besonders gut, da es beim Spielen solcher Spiele um Entscheidungen geht, die getroffen werden, indem man die Entscheidungen anderer Mitspieler mit einbezieht.[6] So sind es nicht nur Reaktionen auf bereits getroffene Entscheidungen der Mitspieler, sondern auch Entscheidungen, die auf Erwartungen an das zukünftige Verhalten der Mitspieler beruhen. Heutzutage meint das Wort Spiel viel mehr ein (mathematisches) Modell für Verhandlungen, Konflikte und Zusammenarbeit zwischen Einzelpersonen, Organisationen, Regierungen und andere Lebewesen.[7] Folglich kann die Spieltheorie als die Mathematik der sozialen Interaktion beschrieben werden, bei der strategisches Handeln in sozialen Interaktionen im Vordergrund steht. Zum einen liegt der Nutzen in den quantitativen Empfehlungen der

---

[3] Vgl. Rieck, C. (2008), S.21.
[4] Vgl. Bartholomae/Wiens (2016), S.3.
[5] Vgl. Rieck, C. (2008), S. 21.
[6] Vgl. Peyrolón, P. (2019), S.3.
[7] Vgl. Peyrolón, P. (2019), S.2.

Spieltheorie, vor allem aber können Konfliktsituation durch eine systematisierte und formalisierte Herangehensweise verständlich dargestellt werden.[8]

2.2 Klassifizierungen der Spiele

Ein Spiel ist nicht gleich ein Spiel - so können die Eigenschaften der einzelnen Spiele stark zueinander variieren. Mit Hilfe der Kombination von fünf Merkmalen nach Jürgen Jerger lassen sich konkrete Spiele charakterisieren und einordnen.

2.2.1 Kooperative & nicht-kooperative Spiele

Die meisten spieltheoretischen Analysen und Lehrbücher behandeln nicht-kooperative Spiele oder stellen diese in den Vordergrund.[9] Diese Spiele zeichnen sich dadurch aus, dass die Spieler strikt voneinander getrennt sind und demnach nicht miteinander kommunizieren können. Im Gegensatz dazu können bei kooperativen Spielen bindende Vereinbarungen untereinander getroffen werden – so kann darüber verhandelt werden welches Spielergebnis die Spieler gemeinsam realisieren möchten.[10]

2.2.2 Spiele in Normalform & Spiele in extensiver Form

In der Literatur fehlt eine einheitliche Begriffsverwendung: So wird die Normalform auch als statisches Spiel oder auch strategisches Spiel bezeichnet. Das Synonym für die extensive Form ist ein dynamisches Spiel. Bei Spielen in Normalform wählen alle Spieler ihre Strategie gleichzeitig und können nicht auf die Entscheidungen anderer Spieler reagieren, da die Strategie bereits festgelegt wurde. Das Resultat ist ein sogenanntes „Ein-Zug-Spiel".[11] Bei Spielen in extensiver Form sind die Spielzüge in zeitlicher oder logischer Reihenfolge festgelegt – häufig wird diese Reihenfolge in Form eines Spielbaums veranschaulicht.[12] Bei dieser Art von Spielen lassen sich somit auch vorangegangene Entscheidungen berücksichtigen.

2.2.3 Nullsummenspiele & Nichtnullsummenspiele

Entscheidendes Merkmal von Nullsummenspielen ist, dass die Auszahlung[13], die der Gewinner des Spiels bekommt, der Verlust des Gegenspielers ist. Demzufolge addiert sich die Gesamtsumme der Gewinne und Verluste zu Null. Das allseits verbreitete Sprichwort „des einen

---

[8] Vgl. Diekmann, A. (2013), S.10.
[9] Vgl. Jerger, J. (2009), S.13.
[10] Vgl. Jerger, J. (2009), S.13.
[11] Vgl. Rieck, C. (2008), S.159.
[12] Vgl. Rieck, C. (2008), S.118.
[13] Konsequenzen eines Spielergebnisses für die einzelnen Spieler. Es handelt sich nicht zwangsläufig um Geld.

Freud ist des anderen Leid" trifft die Essenz der Nullsummenspiele und beeinflusst folglich auch die Strategie der beteiligten Akteure. Diametral dazu verhalten sich die Nichtnullsummenspiele bei denen Gewinne respektive Verluste unterschiedlich ausfallen. Insofern können Strategiekombinationen auftreten, bei denen alle Spieler gewinnen bzw. verlieren können.[14]

2.2.4 Einmalspiele & wiederholte Spiele

Wie der Name schon sagt, werden Einmalspiele lediglich ein einziges Mal durchgeführt – wiederholte Spiele sind durch die wiederholte Anzahl von Spielen gekennzeichnet, wobei diese wiederum in endlich und unendlich oft wiederholte Spiele unterteilt werden können. Die Besonderheit von wiederholten Spielen liegt darin, dass die Spieler voneinander lernen können und so neue Handlungsoptionen entstehen.[15]

2.2.5 Informationsstände

Das letzte Charakteristika, das ein Spiel beschreibt, ist der Informationsstand der Beteiligten. Informationen meinen in diesem Zusammenhang das Wissen darüber, welche Entscheidungsalternativen und welche Auszahlungen möglich sind. Ein Spiel mit vollständiger Information liegt vor, wenn jeder Spieler zu jedem Zeitpunkt weiß, welche Handlungsalternativen möglich sind und welche Auszahlungssummen daraus resultieren. Ein Spiel mit unvollständiger Information ist demgegenüber dadurch gekennzeichnet, dass einem Spieler nicht alle Informationen vorliegen.[16]

3 Die Geschichte der Spieltheorie

Die ersten formalen spieltheoretischen Grundlagen, die vor allem aus der wirtschaftlichen Perspektive von großer Bedeutung waren, gehen auf Antione Corunot 1838 zurück.[17] Auch Ernst Zermelo und Emile Borel haben spieltheoretische Analysen betrieben. So bewies Zermelo 1913 in seinem Artikel „Über eine Anwendung der Mengenlehre auf die Theorie des Schachspiels", dass es bei einer speziellen Art von Spielen – den sogenannten Nullsummenspielen – mit endlicher Zahl von Strategien und vollständiger Information nur eine optimale Strategie gibt. Dame, Schach und Mühle wären dafür typische Beispiele. Bis heute fehlt allerdings die Erkenntnis, wie die jeweilige optimale Strategie aussieht.[18] Am 7. Dezember 1926 stellte von Neumann seine

---

[14] Vgl. Rieck, C. (2008), S.305.
[15] Vgl. Jerger, J. (2009), S.15.
[16] Vgl Rieck, C. (2008), S148.
[17] Vgl. Holler/Illing/Napel (2019), S.403.
[18] Vgl. Diekmann, A. (2013), S.4.

Überlegungen zur Theorie der Gesellschaftsspeile im Seminar von David Hilbert vor, der zu dieser Zeit als ein bedeutender Mathematiker galt. Der Inhalt des von Neumannschen Vortrags wurde zwei Jahre später in den Mathematischen Annalen aufgenommen. Diese Publikation gilt oft als erster Beitrag zur modernen Spieltheorie, auch wenn es – wie oben bereits erwähnt – Vorläufer gab. Von Neumanns Arbeit war bestimmend für die Sprache und den konzeptionellen Rahmen der heutigen Spieltheorie.[19]

1944 fand ein entscheidender Durchbruch mit dem Werk „Theory of Games and Economic Behavior" in der Entwicklung der Spieltheorie als wissenschaftlich-mathematische Disziplin statt. Dem Buch von Oskar Morgenstern und John von Neumann liegen drei Anforderungen bzw. Ziele zugrunde, die im Folgenden angeführt werden.

1. **Die Mathematisierung der Wirtschaftswissenschaften:** Die Autoren kritisierten den geringen Stand der Formalisierung ökonomischer Theorien. Eine theoretische Basis sollte diesbezüglich geschaffen werden.
2. **Die Modernisierung der Mathematik:** Neue Teilgebiete der Mathematik sollten aus der Disziplin der Spieltheorie entstehen. Diese Vermutung hat sich bis heute nicht in dem Maße bestätigt.
3. **Das Einbeziehen des strategischen Kalküls:** Ein neuer Denkansatz der Autoren war das strategische Kalkül[20]. Optimierungskalküle waren vor der Publikation nur in ökonomischen Theorien vorherrschend. Die Begründung für die Forderung, das strategische Kalkül in den Vordergrund zu stellen, resultierte aus der Erkenntnis, dass ökonomische Probleme auch strategische Probleme sind, in denen immer mehrere Akteure Einfluss auf Entscheidungen haben und diese sich gegenseitig beeinflussen.[21]

Nach der Veröffentlichung des Buches von Morgenstern und Neumann hat sich die Spieltheorie stetig weiterentwickelt. Berninghaus u. a. teilen diese Entwicklung in die folgenden drei Phasen ein.

---

[19] Vgl. Holler/Illing/Napel (2019), S.405.
[20] Ein formales System von Regeln, mit denen sich aus gegebenen Aussagen weitere Aussagen ableiten lassen und bestimmte mathematische Probleme systematisch behandelt werden können.
[21] Vgl. Berninghaus/Erhart/Güth (2010), S.1ff.

Die erste Phase, die nach dem Erscheinen des eben beschriebenen Buches ansetzt und bis Mitte der 1950er Jahre anhielt, ist durch ein starkes Interesse an der Spieltheorie gekennzeichnet. Im Mittelpunkt standen dabei die Normalformspiele, die Nullsummenspiele sowie die Extensivformspiele. Insbesondere die Spieltheoretiker Lloyd Shaply, John Nash und Harald Kuhn prägten diese Phase stark. In den Jahren 1950-1960 fanden die Ansätze der Spieltheorie in der Politik und in der militärischen Kriegsführung ihre Anwendung.[22] Vor allem im kalten Krieg wurden die Strategien unter zur Hilfenahme von spieltheoretischen Überlegungen festgelegt.[23]

Die zweite Phase der Spieltheorie, in deren Mittelpunkt die kooperative Spieltheorie stand, begann mit den 1960er Jahren. Wichtige Vertreter dieser Phase waren Herbert Scarf und Robert Aumann. Im Rahmen dieser Etappe wurden Lösungskonzepte entwickelt, die stabile und faire Aufteilungen von Auszahlungen beschreiben sollten, die durch gemeinsame Aktivitäten aller Spieler erzielt werden können – ein Beispiel hierfür ist das Gemeinkosten-Zuordnungsproblem der Betriebswirtschaftslehre. Als Ergebnis der Zusammenarbeit von kooperativer Spieltheorie und allgemeiner Gleichgewichtstheorie konnte festgestellt werden, dass die Allokation ökonomischer Ressourcen über ein dezentrales Preissystem Stabilitätseigenschaften aufweist, die durch eine Adaption von Lösungskonzepten der kooperativen Spieltheorie definiert werden.[24]

Nachdem das Interesse an der Spieltheorie Mitte der 1970er Jahre zurückging, teilte sich die dritte Phase, die bis heute andauert, in zwei prägnante Entwicklungsstränge auf. Auf der einen Seite rückten die Extensivformspiele erneut in den Vordergrund. Vor allem Reinhard Selten schuf mit seiner Arbeit neues Interesse an der Spieltheorie. Aber auch Namen wie Wilson, Roberts, Harsanyi, Milgrom und Kreps sind in dieser Phase zu erwähnen. Speziell die Industrieökonomik, die bis dahin ihre theoretische Basis zum Teil in der traditionellen Preistheorie hatte, fand großen Nutzen in den spieltheoretischen Konzepten. Auf der anderen Seite fand die Spieltheorie vermehrt Anwendung in anderen Bereichen wie der Soziologie, Biologie oder der Psychologie und entdeckte sich so in einer interdisziplinären Perspektive. Ausgangspunkt für diese Entwicklung war das Interesse einiger Forscher - wie Maynard Smith und Price - an spieltheoretischen

---

[22] Vgl. Berninghaus/Erhart/Güth (2010), S.3ff.
[23] Vgl. Holler/Illing/Napel (2019), S.409.
[24] Vgl. Berninghaus/Erhart/Güth (2010), S.5.

Erklärungsansätzen für biologische Phänomene wie beispielsweise Partnersuche und Revierkämpfe in Tierpopulationen.[25]

Zusammenfassend lässt sich konstatieren, dass die Entwicklung der Spieltheorie vom Teilgebiet der angewandten Mathematik hin zu einem mächtigen methodischen Werkzeug für die gesamte ökonomische Theorie - wie auch darüber hinaus - vielversprechend ist.[26]

4 Fünf Praxisbeispiele der Spieltheorie

Im vierten Kapitel wird die Entwicklung der Systemtheorie aufgegriffen und durch unterschiedlichste Anwendungsbeispiele ergänzt. Insbesondere der Anwendungsbezug belegt die Omnipräsenz der Systemtheorie in der heutigen Zeit.

4.1 Auktionsverhalten und -organisation

Anwendung findet die Spieltheorie beispielsweise bei Auktionen. Dabei wird die folgende Situation analysiert: Eine Menge von Objekten soll verkauft werden – diese sind bekannt als Auktionsgegenstände. Die Auktion ist ein Vorgang, bei dem die Interessenten für den Auktionsgegenstand Preisangebote abgeben, so wird der zu zahlende Preis ermittelt und dem Erwerber des Objektes zugeordnet. Der Zuschlag erfolgt an den Höchstbietenden, der Preis richtet sich nach den Auktionsregeln. Bei der Abgabe eines Gebots handelt es sich um eine Situation interpersoneller und interdependenter Entscheidungen.[27] Die Spieltheorie ist also grundsätzlich anwendbar und dient zur Analyse dieser Situationen. Insbesondere die Bietstrategie in einer Auktion ist Gegenstand spieltheoretischer Analyse, weil die optimale Höhe des eigenen Gebots nicht allein von der eigenen Zahlungsbereitschaft abhängt, sondern auch von den Geboten der Mitbieter. Auch die optimale Erstellung von Regeln, nach denen eine Auktion durchgeführt werden soll, ist eine Fragestellung der Spieltheorie (sog. Auktionsdesign).[28] Auf diese Weise wurden spieltheoretische Analysen bei der spektakulärsten Auktion der deutschen Wirtschaftsgeschichte im August 2000, bei der für etwa 100 Milliarden DM sechs UMTS-Lizenzen[29] versteigert wurden, eingesetzt.

---

[25] Vgl. Berninghaus/Erhart/Güth (2010), S.6.
[26] Vgl. Berninghaus/Erhart/Güth (2010), S.7.
[27] Vgl. Eichhorn, C. (2004), S.2.
[28] Vgl. Eichhorn, C. (2004), S.3.
[29] Lizenzen von Frequenzblöcken für eine Nutzung durch das Universal Mobile Telecommunications System

4.2 Die Wahl des Gebrauchtwagenhändlers

Das Vertrauensproblem bei dem Kauf eines Gebrauchtwagens ist jedem bekannt, der in seinem Leben bereits einen solchen Kauf getätigt hat. Mit der Technik der Vignettenanalyse von Buskens und Weesie wurde empirisch untersucht, welche Eigenschaften dafür entscheidend sind, dass einem Gebrauchtwagenhändler Vertrauen entgegengebracht wird. Neben dem Preis des Autos, guten Erfahrungen in der Vergangenheit und der Bekanntheit des Händlers in der Nachbarschaft, ist die Netzwerkeinbindung des Händlers entscheidend. Mit Netzwerkeinbindung ist gemeint, dass bestimmte soziale Beziehungen zwischen den Beteiligten bestehen – beispielsweise könnte der potenzielle Käufer mit dem Händler in einer Fußballmannschaft spielen oder der Händler ein Nachbar eines Freundes sein. Die soziologische These lautet, dass „soziale Einbettung" Vertrauensprobleme löst. Der Grund ist, dass ein Treuhänder im Eigeninteresse Vertrauen nicht missbrauchen wird, wenn er durch Kundenbeziehungen und andere soziale Kontakte im Netzwerk des Treugebers eingebunden ist. Würde das Vertrauen missbraucht werden, wäre das für künftige Geschäfte schädlich, denn ein Vertrauensmissbrauch würde sich im Netzwerk herumsprechen. Die Netzwerkeinbindung lässt sich als Vertrauensspiel mit Sanktionsmöglichkeiten durch Dritte interpretieren.[30]

4.3 Vampir-Fledermäuse

Als biologisches Anschauungsbeispiel der Spieltheorie dient das Verhalten der Vampir-Fledermäuse untereinander. In Südamerika leben Fledermäuse, die sich vom Blut großer Säugetiere ernähren, indem sie sich auf dem Rücken von Pferden oder Rindern niederlassen und sich festbeißen. Bis zu einer halben Stunde benötigen die Fledermäuse bis sie vollgetankt haben und das doppelte ihres Körpergewichts erreicht haben – von dieser Ration können sie maximal 60 Stunden leben. Oft sind die nächtlichen Jagden allerdings nicht erfolgreich, sodass für die Tiere eine lebensbedrohliche Notlage entsteht. Nach Beobachtungen von Wissenschaftlern helfen sich die Tiere eine Kolonie im Notfall gegenseitig – so putzt die hilfesuchende Fledermaus einen satten Artgenossen, den er gut kennt, mit dem er aber nicht verwandt sein muss. Auf dieses Zeichen hin würgt das satte Tier etwas Blut hervor und lässt dem anderen Tier seine Spende zukommen – so gewinnt eben dieses Tier einige Stunden an Lebenszeit. Insgesamt ist der Verlust des satten Tieres geringer als der Gewinn für die hungrige Fledermaus.[31] Umgekehrt kann zu einem anderen Zeitpunkt der Spender in Bedrängnis kommen und seinen Kredit zurückfordern. Die Erklärung für

---

[30] Vgl. Diekmann, A. (2013), S 8ff.
[31] Vgl. Diekmann, A. (2013), S.17.

dieses Phänomen lautet, dass es sich um ein wiederholtes Spiel handelt und beide Akteure von einer Kooperation profitieren. Voraussetzung ist, dass die Tiere sich immer wieder begegnen und die Fähigkeit haben, sich gegenseitig zu identifizieren. Beide Faktoren sind bei Fledermäusen, die in Kolonien leben, gegeben.[32]

4.4 Strategische Kriegsführung

Ein weiteres Anwendungsgebiet der Spieltheorie ist die strategische Kriegsführung. Ein konkretes Beispiel dafür findet sich im ersten Weltkrieg. Wenige Monate nach Kriegsbeginn im August 1914 kam der deutsche Angriff gegen die Briten im Westen zum Stillstand und es wurden Schützengräben entlang der Verteidigungslinie ausgebaut. Die Frontsoldaten auf beiden Seiten hatten die gleichen Probleme: alltägliche Dinge zu verrichten, wie Proviant heranzuschaffen, Essen zuzubereiten und nicht von Kugeln getötet zu werden. Es entwickelte sich ohne Absprache der beteiligten Parteien eine heimliche Kooperation. Die Kooperation äußerte sich dadurch, dass nicht aufeinander geschossen wurde oder bewusst Ziele verfehlt wurden. Bei Nichteinhaltung einer Seite wurde durch die andere Seite Vergeltung geübt. Für die Frontsoldaten im Stellungskrieg war es eine einem Gefangenendilemma ähnliche Situation.[33] Das Gefangenendilemma wird im Anhang beschrieben, um den Rahmen der Arbeit nicht zu sprengen. So lag der eigentliche Grund für die Waffenruhe an den Frontabschnitten darin, dass keine Seite ein Interesse daran hatte, in das jeweilig andere Gebiet vorzurücken. Wenn die Briten die Deutschen beschossen, antworteten die Deutschen und die Verluste waren auf beiden Seiten gleich. So wäre es ein Kinderspiel gewesen, die mit Verpflegungswagen vollgestopfte Straße hinter den feindlichen Linien zu beschießen. Als Gegenreaktion hätte der Feind die Verpflegung der anderen Seite unterbrochen.

Nicht die Einstellungen der Akteure waren dafür zunächst entscheidend – essentiell ist vielmehr die Struktur der Situation: die Besonderheit des Stellungskriegs, der zu wiederholten Dilemma-Situationen zwischen den gleichen Akteuren führte.[34]

4.5 Lohn-/Gehaltsverhandlungen

Auch bei der Analyse von unterschiedlichen Gehaltverhandlungen kann die Spieltheorie Anwendung finden. Der Fakt, dass das Ergebnis der Konfliktsituation für alle Teilnehmer von den Entscheidungen der anderen Parteien abhängt, verdeutlicht den spieltheoretischen Bezug. Die

---

[32] Vgl. Diekmann, A. (2013), S.18.
[33] Vgl. Diekmann, A. (2013), S.15.
[34] Vgl. Diekmann, A. (2013) S.16ff.

Auszahlung dieses Spiels ist das zu verhandelnde Gehalt. So hat sich der Bewerber vielleicht informiert, wie hoch das Gehalt respektive der Lohn für die von ihm angebotene Arbeit in der Regel ausfällt. Neben dieser Information verfügt der Bewerber über einen Selbstwert, der einen starken Einfluss auf die eigene Gehaltsforderung hat. Auf der anderen Seite hat der Personaler die Vorgabe, welches Gehalt maximal zu zahlen ist. Außerdem gilt es, die Gehaltskosten so gering wie möglich zu halten. So hängt die Höhe des verhandelten Gehalts von den Verhandlungsstrategien der Beteiligten ab. Eine zu hohe Forderung des Bewerbers vermindert möglicherweise die Chance den Job überhaupt zu bekommen. Eine zu niedrige Forderung kann dazu führen, dass der Bewerber sich unter Wert verkauft. Umgekehrt läuft der Personaler bei einem zu niedrigen Gehaltsangebot Gefahr, dass der Bewerber die Stelle ausschlägt und bei einem zu hohen Angebot, dass die Kosten höher sind, als sie sein müssten.

Exemplarisch lässt sich die Entscheidung betrachten, ob man in eine Gehaltsverhandlung hoch oder tief einsteigt. Fordert Bewerberin A 40€ pro Stunde bei einer durchschnittlichen Arbeitszeit von 200 Stunden im Monat, so erhält sie 8000€ Gehalt. Die Wahrscheinlichkeit, dass sie bei dieser Forderung genommen wird, liegt bei 50%. Sollte sie nicht genommen werden, könnte Bewerberin A für 12,50€/Stunde putzen gehen – hierbei ergeben sich 2500€ im Monat. Bei einer Forderung von 25€ pro Stunde hat sie den Job sicher und würde ein Gehalt von 5000€ beziehen. Welche Strategie ist jetzt die richtige, um in die Gehaltverhandlung einzusteigen?

5000€ sichere Einnahmen stehen nun halb sicheren (50%) Einnahmen gegenüber. Es besteht zu 50% die Wahrscheinlichkeit, 40€ pro Stunde oder 12,50€ pro Stunde zu verdienen. Dementsprechend lässt sich Folgendes mathematisch nachvollziehen: 8000€ x 50% + 2500 x 50% = 5250€. Es lohnt sich im vorliegenden Fall also tendenziell mit höheren Forderungen in die Gehaltsverhandlungen zu gehen. Diese Annahme lässt sich natürlich nur treffen, wenn die Ausgangsdaten so valide sind, dass solche prozentualen Angaben getroffen werden können.[35]

---

[35] Vgl. Winterhalter, J. (2017).

5 Schlussbetrachtung

Abschließend lässt sich festhalten, dass die Spieltheorie in vielen Bereichen – wie der Wirtschaft, Soziologie, Biologie, aber auch in der Kriegsführung – Anwendung findet. Häufig wird die Anwendung der Spieltheorie nicht einmal als diese identifiziert, sondern intuitiv eingesetzt. Beispiele hierfür findet man bei der Wahl des Gebrauchtwagenhändlers oder beim Elfmeterschießen. Es wird ausdrücklich darauf verwiesen, dass die oben angeführten Beispiele nur exemplarisch für die Anwendung der Spieltheorie stehen – eine weitere Ausführung divergenter Beispiele würde den Rahmen des Assingments sprengen. Außerdem ist zu beachten, dass die Spieltheorie in der Praxis ein ähnliches Problem aufweist wie andere theoretische Ansätze: Es werden Annahmen getroffen, die die Realität modellieren, aber nicht vollends beschreiben und demnach nicht auf jede Situation einhundertprozentig anwendbar sind. Dies wird durch das Beispiel der Gehaltsverhandlung unterstrichen. So wird die Wahrscheinlichkeit, den Job bei einer hohen Gehaltsforderung zu bekommen, auf 50 Prozent festgelegt. Diese 50 Prozent lassen sich allerdings nicht empirisch belegen und sind nicht zwangsläufig valide - Sie dienen nur als Richtwert.

Ein tragender Aspekt, den alle Beispiele gemein haben, ist, dass die Spieltheorie lehrt - entgegen des gewohnten Verhaltens des Menschen - Entscheidungssituationen auch aus anderen Perspektiven zu betrachten. Die Spieltheorie bietet den Übergang von einer ego-zentrierten Sichtweise hin zu einer globalen Sicht, bei der man erkennt, dass auch andere eigene Interessen und Sichtweisen haben und dementsprechend eigene für sie vernünftige Entscheidungen treffen.[36] Außerdem steht im Themenkomplex der Spieltheorie und bei der Anwendung der spieltheoretischen Werkzeuge - wie in den Beispielen ersichtlich wurde - der Eigennutze stets im Vordergrund.

Ziel der Arbeit war es, die Geschichte der Spieltheorie wiederzugeben und diese durch fünf Praxisbeispiele zu ergänzen. Weiterhin war es die Aufgabe, die Ergebnisse der Praxisbeispiele einzuordnen und zu analysieren. So wurde in der vorliegenden Arbeit die Geschichte der Spieltheorie beschrieben, wichtige Vertreter genannt und essentielle Erkenntnisse sowie Meilensteine der Spieltheorie ausgeführt. Die detaillierte Erläuterung der einzelnen

---

[36] Vgl. Rieck, C. (2008), S.43.

Erkenntnisstufen konnte auf Grund des engen Rahmens dieser wissenschaftlichen Arbeit nur partiell vorgenommen werden. Weiterhin ist anzumerken, dass die Entwicklung der Spieltheorie lange noch nicht abgeschlossen ist. Im nächsten Abschnitt wurden fünf Praxisbeispiele für die Spieltheorie angebracht – wobei darauf geachtet wurde, möglichst unterschiedliche Anwendungsgebiete zu beleuchten und demnach einen interdisziplinären Blickwinkel zu gewährleisten. Anschließend wurden die Praxisbeispiele ganzheitlich eingeordnet und Gemeinsamkeiten diskutiert. Zusammenfassend lässt sich feststellen, dass die Zielvorgaben erfüllt wurden.

Schlussendlich kann man konstatieren, dass die Probleme in der Praxis wesentlich komplexer sind als die angeführten Beispiele. Simultan zur steigenden Komplexität steigt der Aufwand der Lösungskonzepte. Um derartig komplexe Probleme lösen zu können, nimmt die Entwicklung der Computertechnologie eine wichtige Rolle ein.

6 Anhang

6.1 Das Gefangenendilemma

Das Gefangenendilemma ist das wohl bekannteste Beispiel im Bereich der Spieltheorie. In diesem Beispiel stehen zwei Verdächtige vor einem strategischen Entscheidungsproblem: Die beiden stehen im Verdacht, gemeinschaftlich eine schwere Straftat begangen zu haben. Sie werden getrennt voneinander verhört und können nicht miteinander kommunizieren. Da der Staatsanwalt keine vollumfänglichen Beweise hat, kann er nur durch ein Geständnis die beiden Verdächtigen überführen. Für die Verdächtigen bestehen zwei Möglichkeiten – gestehen oder nicht gestehen.[37]

1. Beide gestehen nicht, sie werden wegen kleinerer Straftaten (Bsp. Waffenbesitz) angeklagt und bekommen eine relativ kleine Haftstrafe (1 Jahr für beide).
2. Wenn beide gestehen, bekommen beide eine Strafe (8 Jahre für beide) – allerdings nicht die Höchststrafe
3. Gesteht einer der Beiden und der andere nicht, wird der Geständige nach kurzer Zeit frei gelassen (3 Monate), während der andere die Höchststrafe (10 Jahre) bekommt.

Es handelt sich demnach um ein nicht-kooperatives Spiel, da sich die Verdächtigen nicht verbindlich absprechen können und strikt voneinander getrennt sind. Auch wenn vorher eine Absprache bestanden hätte, so könnte sich einer nicht an die Absprache halten. Weiterhin handelt es sich nicht um ein Nullsummenspiel, da die Auszahlungen unterschiedlich ausfallen.[38]

---

[37] Vgl. Holler/Illing/Napel (2019), S.2.
[38] Vgl. Holler/Illing/Napel (2019), S.3.

7 Literaturverzeichnis

Bartholomae, Florian und Wiens, Marcus. 2016. *Spieltheorie. Ein anwendungsorientiertes Lehrbuch.* Wiesbaden : Springer Gabler, 2016.

Berninghaus, Siegfried K., Ehrhart, Karl-Marin und Güth, Werner. 2010. *Strategische Spiele. Eine Einführung in die Spieltheorie.* Berlin, Heidelberg : Springer, 2010.

Davis, Morton D. 2005. *Spieltheorie für Nichtmathematiker.* München : Oldenbourg, 2005.

Diekmann, Andreas. 2013. *Spieltheorie: Einführung, Beispiele, Experimente.* Hamburg : Rowohlt, 2013.

Eichhorn, Christopf. 2004. Mathematik.uni-muenchen.de. [Online] 4. Juli 2004. [Zitat vom: 10. Dezember 2019.] http://www.mathematik.uni-muenchen.de/~spielth/artikel/internetauktionen.pdf.

Holler, Manfred J., Illing, Gerhard und Napel, Stefan. 2019. *Einführung in die Spieltheorie.* Hamburg, München, Bayreuth : Springer Gabler, 2019.

Jerger, Jürgen. 2007. Universität Regensburg. Spieltheorie. Skript zur Vorlesung. [Online] 2007. [Zitat vom: 5. 12 2019.] http://lpmt090.biomed. uni - erlangen . de / ~cmetzner / KomplexeSysteme / 014 _ Spieltheorie / jerger07_Spieltheorie.pdf..

Peyrolon, Pablo. 2019. *Spieltheorie und strategisches Denken. Komplexe Interaktionen zwischen Politik und internationalen Finanzen verstehen.* Wiesbaden : Springer Gabler, 2019.

Rieck, Christian. 2008. *Spieltheorie. Eine Einführung.* Wiesbaden : Rieck Verlag, 2008.

Schlee, Walter. 2004. *Einführung in die Spieltheorie.* Wiesbaden : Vieweg, 2004.

Winter, Stefan. 2015. *Grundzüge der Spieltheorie. Ein Lehr- und Arbeitsbuch für das (Selbst-)Studium.* Berlin, Heidelberg : Springer Gabler, 2015.

Winterhalter, Johannes. 2017. Winterhalter.org. [Online] 12. Juli 2017. [Zitat vom: 10. Dezember 2019.] https://www.winterhalter.org/preisverhandlungen_und_spieltheorie/.

BEI GRIN MACHT SICH IHR WISSEN BEZAHLT

- Wir veröffentlichen Ihre Hausarbeit, Bachelor- und Masterarbeit

- Ihr eigenes eBook und Buch - weltweit in allen wichtigen Shops

- Verdienen Sie an jedem Verkauf

Jetzt bei www.GRIN.com hochladen und kostenlos publizieren